BEI GRIN MACHT SICH IHR WISSEN BEZAHLT

- Wir veröffentlichen Ihre Hausarbeit, Bachelor- und Masterarbeit

- Ihr eigenes eBook und Buch - weltweit in allen wichtigen Shops

- Verdienen Sie an jedem Verkauf

Jetzt bei www.GRIN.com hochladen und kostenlos publizieren

Jan Waalkes

Entwicklung der satellitengesteuerten Navigation in der Automobilindustrie

GRIN Verlag

Bibliografische Information der Deutschen Nationalbibliothek:

Die Deutsche Bibliothek verzeichnet diese Publikation in der Deutschen National-
bibliografie; detaillierte bibliografische Daten sind im Internet über http://dnb.d-
nb.de/ abrufbar.

Impressum:

Copyright © 2010 GRIN Verlag, Open Publishing GmbH
Druck und Bindung: Books on Demand GmbH, Norderstedt Germany
ISBN: 978-3-640-91647-4

Dieses Buch bei GRIN:

http://www.grin.com/de/e-book/166333/entwicklung-der-satellitengesteuerten-
navigation-in-der-automobilindustrie

Ostfalia

Hochschule für angewandte Wissenschaften

Entwicklung der satellitengesteuerten Navigation in der Automobilindustrie

Hausarbeit

von

Jan Waalkes

Braunschweig 2010

Inhaltsverzeichnis

1 Einleitung

„Wo bin ich?" und „Wie komme ich zum Ziel?" sind Fragen, die die Menschheit schon immer vor Probleme stellten. Im Laufe der Geschichte konnten sie durch die Wissenschaft und den technischen Fortschritt immer präziser, immer schneller, immer komfortabler beantwortet werden.

Besonders im Straßenverkehr stellen wir uns diese Fragen besonders oft. Sind wir ortskundig, haben wir natürlich keine Probleme das Ziel zu erreichen. Kennen wir uns jedoch nicht aus, helfen Straßenschilder, eine Straßenkarte oder im Notfall die Beschreibung eines Fußgängers. Jedoch ist dies alles andere als optimal. Die Konzentration auf den Verkehr sinkt, da wir Ortsschilder beachten. Wir halten an, um eine Straßenkarte zu lesen oder um einen Passanten nach dem Weg zu fragen. Wir verfahren uns, der Benzinverbrauch steigt, wir erreichen unser Ziel gestresst und wesentlich später und verpassen eventuell einen wichtigen Termin.

Um ein Ziel auf dem optimalen Weg sicher und exakt zu erreichen, bedient sich die Automobilindustrie Satelliten gestützter Navigationsgeräte. Sie weisen jedoch nicht nur den genauen Weg, sondern bei Bedarf auch den schnellsten, kürzesten oder Kraftstoff ärmsten. Sie zeigen an großen unübersichtlichen Kreuzungen, in welche Fahrspur man sich einzuordnen hat. Sie leiten am Stau vorbei, warnen bei Überschreitung der Höchstgeschwindigkeit, kennen günstige Tankstellen entlang der Route oder den nächsten Blumenladen, um noch schnell ein Geschenk zu besorgen.

Die Entwicklung der satellitengesteuerten Navigation ist in den letzten Jahren rasant fortgeschritten und bietet heute dem Fahrer eine Fülle von Hilfen, die die Orientierung in vielen Bereichen vereinfacht.

2 Geschichte der Navigation

2.1 Grundlagen

Die Tätigkeit des Navigierens – von lat. *navigare*[1], besteht aus zwei Teilbereichen:

- Standortbestimmung → durch Ortung
- Zielführung → durch Navigation[2]

Bachmann definiert Navigation als *„die Planung und Überwachung der Fahrzeugbewegung (...) in möglichst optimaler Weise. Dazu gehört die Ankunft an bestimmten Orten zu bestimmten Zeiten, das Ermitteln des bereits zurückgelegten Weges, das Einhalten eines vorgeschriebenen Kurses, das möglichst schnelle und Treibstoff sparende Erreichen eines Zieles."*[3]

Tiere bedienen sich bei der Navigation oftmals verschiedenster Sinne. So konnten zum Beispiel bei Zugvögeln Eisenoxidpartikel im Schnabel nachgewiesen werden, die sich entsprechend dem Erdmagnetfeld ausrichten – wie ein eingebauter Kompass.[4]

Was dem Menschen an Sinnen gegenüber der Tierwelt fehlt, hat er durch verschiedenste Methoden der Positionsbestimmung ausgeglichen. Die meisten Verfahren der Navigation entstammen dabei der Nautik: der Ortsbestimmung und Steuerung von Schiffen.

2.2 Ältere Navigationsmethoden

Die einfachste und älteste Form der Navigation ist die *Sichtnavigation*. Hierbei bewegt man sich von einem sichtbaren

---

[1] Duden – Das große Wörterbuch der deutschen Sprache (1999)
[2] Vgl. Schrödter – GPS Satelliten-Navigation (1994), S.15
[3] Bachmann – Handbuch der Satellitennavigation (1993), S.20
[4] Vgl. Schulte von Drach – Wie navigieren Tiere? (2009), www.sueddeutsche.de

Merkmal zum nächsten und vergleicht das Gelände mit einfachen See- oder Küstenkarten.

Durch die *Koppelnavigation* wird die Position, beginnend von einem bekannten Ausgangsort, durch laufende Messung des Kurses und der zurückgelegten Strecke ermittelt. Der Kurs wurde seit dem 12. Jahrhundert durch den magnetischen Kompass ermittelt, die zurückgelegte Strecke bzw. die Geschwindigkeit durch ein Log. Bei dem Relingslog wurde ein Gegenstand während der Fahrt ins Wasser geworfen und die Zeit ermittelt, bis es eine an der Reling markierte Strecke passierte. Beim Handlog wurde eine mit Knoten markierte Leine ins Wasser geworfen und anhand der durchgelaufenen Knoten während einer festen Laufzeit die Geschwindigkeit des Schiffes errechnet. Die noch heute gebräuchliche Geschwindigkeitseinheit Knoten bzw. Seemeile (1 kn = 1 sm/h = 1,852 km/h) geht auf das seemännische Handlog zurück. Die seitliche Verlagerung durch den Wind (Abdrift) musste bei diesem Verfahren durch Schätzung mit einbezogen werden.[5]

Um die Ergebnisse der Koppelnavigation zu kontrollieren und zu verbessern bediente man sich der *Astronavigation*. Hierbei wurden Himmelskörper in die Positionsbestimmung mit einbezogen. Mithilfe eines Sextanten wurden die Gestirne angepeilt und durch Messung von Winkeln eine Ortsbestimmung erreicht.[6]

2.3 Funknavigation/Radar

1862 erkannte der britische Physiker James Clerk Maxwell, dass elektrische und magnetische Felder sich zu fortschreitenden Wellen verbinden ließen. Ca. 30 Jahre später entwickelten Guglielmo

---

[5] Vgl. Prasad/Ruggieri – Applied Satellite Navigation (2005), S.2
Vgl. Schrödter – GPS Satelliten-Navigation (1994), S.15 f.
Vgl. Brockhaus Enzyklopädie (2006), Band 17, S.100
[6] Vgl. Freiesleben – Geschichte der Navigation (1978), S.68 ff.
Vgl. Schrödter – GPS Satelliten-Navigation (1994), S.16

Marconi und Ferdinand Braun ein Verfahren, um Mithilfe von elektromagnetischen Wellen, drahtlos Nachrichten zu übertragen und leiteten so das Zeitalter der Funktechnik ein. Ihre Arbeit wurde 1909 mit der Verleihung des Nobelpreises gekrönt.[7]

Anfangs wurde die Funktechnik zur reinen Nachrichtenübertragung genutzt. So konnten Fehler in Seekarten schnell weiter gegeben werden oder Küstenfunkstellen und in der Nähe befindliche Schiffe in Seenotfällen benachrichtigt werden.[8]

Die Funkpeilung – also die Standortbestimmung durch drahtlose Telegrafie – beruht auf dem Prinzip, Sendestationen in Reichweite anzupeilen und so den eigenen Standort zu ermitteln. Durch die weite Verbreitung dieser Sender konnte vor allen Dingen in Küstennähe auf diese Technik gesetzt werden.[9]

Die Funknavigation erhielt einen starken Antrieb durch die Weltkriege und wurde kurz nach dem Zweiten Weltkrieg international für viele Schiffe zur Vorschrift und ebenso das Radar, als Mittel zur Vermeidung von Kollisionen, setzte sich durch.[10]

Beim RADAR (**R**adio **D**etecting **A**nd **R**anging) wird die Eigenschaft elektromagnetischer Wellen genutzt, sich mit Lichtgeschwindigkeit (299.792.458 m/Sekunde) auszubreiten. Mithilfe genauer Zeitmesseinrichtungen kann man die Laufzeit der „Wellen messen und über die bekannte Ausbreitungsgeschwindigkeit deren zurückgelegte Entfernung berechnen."[11] Da Strahlung, die auf Gegenstände trifft, wieder zurückgeworfen wird, kann aus dem

---

[7] Vgl. Brockhaus Enzyklopädie (2006), Band 7, S.708
[8] Vgl. Freiesleben – Geschichte der Navigation (1978), S.64 f.
[9] Vgl. ebenda S.99
[10] Vgl. ebenda S.99
[11] Schrödter – GPS-Satelliten-Navigation (1994), S.20

Echo die Distanz eines Objektes zum Sender errechnet werden und so Schiffe oder Flugzeuge lokalisiert werden.[12]

Was in der zivilen Schiff- und Luftfahrt von großem Vorteil ist, kann sich in Kriegszeiten nachteilig auswirken. Objekte können vom gegnerischen Radar entdeckt und angegriffen werden. Um die Radarsignatur zu minimieren, wird durch die Stealthtechnik[13] die Ortung militärischer Objekte minimiert: speziell beschichtete, Radar absorbierende Oberflächen und gesonderte Konstruktionsformen schlucken bzw. zerstreuen auf sie treffendes Radar, anstatt es zum Sender zurückzustrahlen.[14]

2.4 Satellitennavigation

Die zuvor genannten Navigationsmethoden[15] sind jedoch häufig fehleranfällig und in ihrer Anwendung unpraktisch. Erst durch die Satellitennavigation wurde es möglich, Tag und Nacht bei jedem Wetter eine Positionsbestimmung in kürzester Zeit an jedem Ort der Erde durchzuführen – und dies auf wenige Meter genau. Sie ist ein Meilenstein in der Geschichte der Navigation und macht alle bisher bekannten Navigationsverfahren entbehrlich.

---

[12] Vgl. Schrödter – GPS Satelliten-Navigation (1994), S.17 ff.
   Vgl. Rietveld – Decca, Radar, Satellitennavigation (1990), S.88 ff.
[13] stealth = engl. für verdeckt
[14] Vgl. Brockhaus Enzyklopädie (2006), Band 26, S.198
[15] Es gibt noch weitere wie z.B. die Doppler- oder die Trägheitsnavigation.

3 Satellitenortung

3.1 Entstehungsgeschichte

Anfang der 1960er Jahre entwickelte das US-Militär TRANSIT, den Vorgänger von NAVSTAR-GPS (kurz: GPS). Anders als sein Nachfolger basierte TRANSIT auf Messungen von Dopplerverschiebungen[16] der von sechs Satelliten ausgestrahlten Signale. Nur alle 1 bis 6 Stunden konnte eine Positionsbestimmung bei einer Genauigkeit von etwa 200 Metern durchgeführt werden. Anfangs nur für das amerikanische Militär nutzbar, wurde es später auch der Zivilbevölkerung zugänglich gemacht.[17]

1978 startete das amerikanische Verteidigungsministerium den ersten Satelliten des NAVSTAR-GPS Programms.

NAVSTAR = **NAV**igation **S**ystem with **T**ime and **R**aging

GPS = **G**lobal **P**ositioning **S**ystem

Der Leitgedanke des Projektes lautete:

"The Mission of this Program is to:

1. Drop 5 bombs in the same hole, and

2. built a cheap set that navigates."[18]

Während der Golf Krise (1990-1992) waren 16 GPS-Satelliten aktiv. Sie spielten eine Schlüsselrolle in der amerikanischen Kriegsstrategie und hatten einen entscheidenden Anteil am schnellen Erfolg des Irakkrieges. Ursprünglich sollte das System 1989/90 voll funktionsfähig

---

[16] Vgl. Brockhaus Enzyklopädie (2006), Band 7, S.204 f. Nach dem österreichischen Physiker Christian Doppler benanntes Prinzip, dass bei allen Wellenvorgängen, „die Frequenz (…) beeinflusst wird, wenn Quelle (Schall-, Lichtquelle u.a.) und Beobachter sich relativ zueinander bewegen." Beispiel: Ein, am Beobachter vorbeifahrendes Fahrzeug klingt beim Herankommen höher, als beim Entfernen.

[17] Vgl. Kumm – GPS Global Positioning System (1994), S.17
Vgl. Prasad/Ruggieri – Applied Satellite Navigation (2005), S.5

[18] Parkinson/Spilker – The Global Positioning System (1996), S.9

sein, jedoch verzögerte unter anderem die Explosion des Space Shuttle Challenger das Projekt und so war NAVSTAR-GPS erst 1995 mit 24 aktiven Satelliten voll ausgebaut und offiziell in Betrieb.[19]

Wie auch TRANSIT war GPS anfangs für die reine militärische Nutzung vorgesehen. Dennoch war deutlich, dass auch die Zivilbevölkerung und die Industrie ein großes Interesse daran hegten. Um im Kriegsfall gegenüber gegnerischen Truppen den strategischen Vorteil des GPS zu wahren, entschied sich das amerikanische Verteidigungsministerium, einen künstlichen Fehler (Selective Availability bzw. S/A) in das Satellitensignal einzubauen und gab GPS mit einer Genauigkeit von ca. 100 Metern für die Zivilbevölkerung frei.[20]

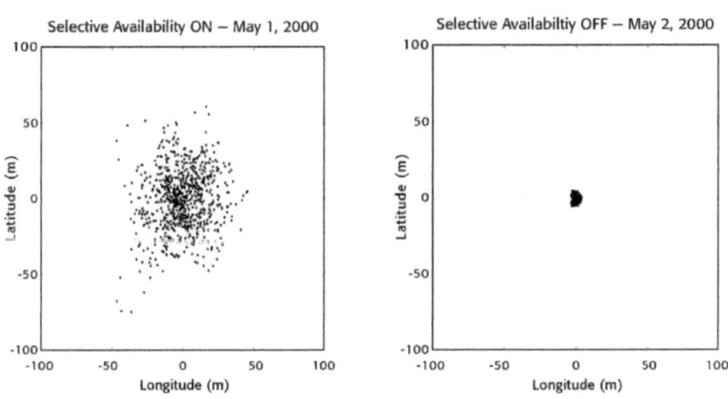

Abbildung 1: Selective Availability
Quelle: www.traditionalmountaineering.org/FAQ_GPS-Accuracy.htm

In der Nacht auf den 2. Mai 2000 wurde die künstliche Signalverschlechterung im Auftrag der damaligen Clinton Regierung abgeschaltet. Abbildung 1 zeigt die Genauigkeit von

---

[19] Vgl. Prasad/Ruggieri – Applied Satellite Navigation (2005), S.4 ff.
  Vgl. Kumm – GPS Global Positioning System (1994), S.24 ff.
[20] Vgl. Prasad/Ruggieri – Applied Satellite Navigation (2005), S.6

GPS vor und nach der Abschaltung. Ortungsgenauigkeiten in der Größenordnung von wenigen Metern waren nun jedem weltweit zugänglich. Dies geschah vor dem Hintergrund, Selective Availability im Kriegsfall auf bestimmte Regionen zu beschränken. Auch die Möglichkeit der Funkstörung besteht: Mithilfe eines GPS-Jammers, der das Satellitensignal auf derselben Frequenz überlagert, können Fehlortungen erreicht oder eine Ortung gänzlich blockiert werden (vergleichbar mit Handy-Blockern, die Kinobetreiber einsetzten, um störendes Klingeln zu unterbinden).[21]

Während des zweiten Golfkrieges (2003) versuchte die irakische Verteidigung die amerikanischen Streitkräfte durch Störsender an der GPS-Nutzung zu hindern. Sie wurden gleich zu Beginn des Krieges von der US Air Force zerstört.[22]

3.2 Technik

Mindestens 24 GPS-Satelliten[23] umkreisen in einer Höhe von ca. 20.000 Kilometern die Erde. In annähernd 12 Stunden umrundet jeder Satellit einmal den Globus, wobei ihre Umlaufbahnen so gewählt sind, dass von jedem Punkt der Erde, zu jeder Zeit, mindestens vier Satelliten über dem Horizont stehen.[24]

Die Standortbestimmung wird anhand der Entfernung des GPS-Empfängers zu den GPS-Satelliten ermittelt. Diese senden ununterbrochen Signale zur Erde, in denen unter anderem die eigene Position enthalten ist. Anhand der Zeit, die das Signal vom

---

[21] Vgl. Prasad/Ruggieri – Applied Satellite Navigation (2005), S.6 f.
[22] Vgl. Dedel/Häupler – Satellitennavigation (2010), S. 190 f.
[23] Es sind zusätzliche Satelliten in der Umlaufbahn um Ausfälle zu kompensieren bzw. die Genauigkeit zu erhöhen. Siehe Prasad/Ruggieri, S.40
[24] Vgl. Bachmann – Handbuch der Satellitennavigation (1993), S.27 f.
Vgl. Prasad/Ruggieri – Apllied Satellite Navigation (2005), S.40

Satelliten bis hinunter zum Empfänger benötigt, kann dieser die Entfernung errechnen.[25]

Die Entfernung wird dabei durch die mathematische Gleichung

$$Entfernung = Geschwindigkeit \times Zeit$$

ermittelt. Da das Signal der Satelliten aus elektromagnetischen Wellen besteht, ergibt das Produkt aus Laufzeit und Lichtgeschwindigkeit die Entfernung zum Satelliten. Ist die Distanz zu mindestens drei Satelliten und deren Position bekannt, kann hieraus die eigene Position abgeleitet werden. Ein Vierter wird für eine Uhrensynchronisation hinzugezogen, da die Atomuhren der Satelliten für die notwendige Präzision ausgelegt sind, jedoch die in den GPS-Empfängern eingesetzten Quarzuhren bei Weitem nicht präzise genug arbeiten. Sie müssen vor jeder Entfernungsmessung mit der Satellitenuhr synchronisiert werden. Eine Differenz beider Uhren von nur einer hundertstel Sekunde hätte zum Beispiel eine Fehlmessung von etwa 3.000 Kilometern zur Folge.[26]

---

[25] Vgl. Schrödter – GPS Satelliten Navigation (1994), S.52 ff.
[26] Vgl. Schrödter – GPS Satelliten Navigation (1994), S.14 ff.
  Vgl. Prasad/Ruggieri – Applied Satellite Navigation (2005), S.15

Abbildung 2: Satellitennavigation

Quelle: www.navigon.com/portal/de/uebernavigon/presse/artikel/20100428-satellitennavigation.html

Ohne Albert Einsteins Theorien wäre Satellitennavigation nicht möglich. Wie der Nobelpreisträger schon Anfang des 19. Jahrhunderts erkannte, gehen bewegte Uhren langsamer – für einen ruhenden Beobachter. Zeit ist nicht absolut, sondern relativ. Laut Einsteins **Spezieller Relativitätstheorie** *tickt* also die Zeit auf einem, die Erde mit hoher Geschwindigkeit umkreisenden Satelliten, im Verhältnis zu der Zeit auf der Erdoberfläche, langsamer. [27]

Jedoch hat nicht nur Bewegung Einfluss auf die Zeit, sondern auch die Gravitation. Das Gravitationsfeld der Erde bewirkt, dass die Schwerkraft umso geringer ist, desto höher wir uns vom Erdboden in die Luft erheben. Einsteins **Allgemeine Relativitätstheorie** besagt, dass die Zeit langsamer vergeht, je größer die Schwerkraft ist. Die

---

[27] Vgl. Bodanis – Bis Einstein kam (2001), S.102

Schwerkraft im Satelliten in ca. 20.000 km Höhe beträgt mit 0,56 Newton nur 6 % der Schwerkraft auf der Erde (9,81 Newton).[28]

Zusammen ergibt der Einfluss von Geschwindigkeit und Gravitation, dass die Satellitenuhren für den Beobachter auf der Erde um 0,04 Millisekunden pro Tag *schneller* gehen. Diese Abweichung ist für die Laufzeitmessung des GPS-Signals von großer Bedeutung. Mithilfe von Einsteins Gleichungen können die Auswirkungen von Raum, Zeit und Gravitation berechnet werden und nur so eine genaue Zeitmessung der Satellitensignale erfolgen.[29]

3.3 Systeme

Neben dem amerikanischen GPS betreibt auch Russland (GLONASS) ein aktives Satellitensystem, das in den 1980er entwickelt wurde. Die Europäische Union wird mit Galileo und China mit Compass ein Satelliten-Navigationssystem aufbauen. Japan und Indien sind ebenfalls im Aufbau eigener Systeme, wobei jedes voneinander unabhängig nutzbar sein wird. Auch eine Verknüpfung wird möglich sein: Durch eine Kombination von GPS und Galileo stünden einem für beide Systeme ausgelegten Empfänger ca. 60 Satelliten zur Verfügung. Eine höhere Genauigkeit und ein besserer Empfang wären gewährleistet – wird z.B. ein GPS-Satellit in einer Häuserschlucht verdeckt, könnte der Empfänger das Signal eines, eventuell nicht verdeckten, Galileo-Satelliten verwenden.[30]

---

[28] Vgl. Wassermann – Navigieren mit Satellit: Wie funktioniert das GPS-System? (2007) www.weltderphysik.de
[29] Vgl. Beyvers – Kleines 1x1 der Relativitätstheorie (2007), S.233
[30] Vgl. Gibbons – What Race? What Competition? (2009), S.16-17, S.52
Vgl. Prasad/Ruggieri – Applied Satellite Navigation (2005), S.112 f.

4 Navigation in der Automobilindustrie

Aus der Automobilindustrie sind Navigationssysteme heute nicht mehr wegzudenken. Was einst nur Fahrern der gehobenen Oberklasse vorbehalten war, ist heute aufgrund des gesunkenen Einstiegspreises auf unter 100 Euro in Fahrzeugen jeder Klasse zu finden.

In den folgenden Kapiteln wird dargelegt, wie sich der Navigationsmarkt zusammensetzt, welche technischen Entwicklungen bis heute stattgefunden haben und wie Nokia und Google die gesamte Navigationsbranche verändern.

4.1 Festeinbau / Mobiles Navigationsgerät (PND)

Ein Neufahrzeugkunde, der nicht auf ein Navigationsgerät verzichten möchte, steht vor der Entscheidung ein fest eingebautes System ab Werk zu bestellen oder sich nachträglich um ein mobiles Navigationssystem (PND = **P**ortable **N**avigation **D**evice)[31] zu bemühen. Der Festeinbau bietet gegenüber der mobilen Variante gewisse Vorteile. Er ist mit der Fahrzeugelektronik verbunden und kann bei Wegfall des Satellitensignals auf Informationen des Tachometers zurückgreifen und so zum Beispiel in Tunneln anhand der gefahrenen Geschwindigkeit die Navigation relativ genau fortsetzen.[32] Es hat keine störenden Außenkabel bzw. externe Halterungen und birgt bei Unfällen kein Risiko durch herumfliegende

---

[31] Auch PNA (Portable Navigation Assistant) wird teilweise in der Fachliteratur genannt.

[32] Allein Garmin bietet momentan eine Lösung an, Daten des Kfz-Bordcomputers über Funk an ein mobiles Navigationsgerät zu übermitteln. Siehe hierzu www.garminonline.de/strassennavigation/ecoroute-hd/ Andere Hersteller versuchen mit Trägheitssensoren Geschwindigkeitsveränderungen bei nicht-vorhandenem Satellitensignal zu erkennen.

Gegenstände. Die verbauten Displays der Festeinbauten sind durchschnittlich größer und bieten eine hohe Übersicht.

Ein großer Vorteil des portablen Navigationsgerätes ist seine Variabilität. Es ist mit wenigen Handgriffen in verschiedenen Fahrzeugen einsetzbar und kann zusätzlich auf einem Fahrrad oder als Fußgänger[33] genutzt werden. Durch ihren kürzeren Produktlebenszyklus sind PNDs meist technisch moderner als ihre großen Brüder. Automobilhersteller gehen mit ihren Zulieferern längerfristige Verträge ein[34] und können so nur schwer auf Neuerungen seitens der Navigationshersteller reagieren. Die Preissensibilität hält viele Kunden vom Kauf eines Festeinbaus ab: Der durchschnittliche Preis eines fest eingebauten Navigationssystems liegt bei ca. 1.600 Euro,[35] während der eines portablen bei ca. 178 Euro[36] liegt. Da Automobilhersteller durch den nachträglichen Kauf eines Navigationsgerätes am Umsatz nicht beteiligt sind, bieten einige Hersteller zusätzlich an, PNDs ab Werk zu bestellen, inklusive einer fachgerechten eingebauten Halterung. Der Nachteil der mobilen Geräte (wacklige Saugnapfhalterung an der Windschutzscheibe, störendes Stromkabel zum Zigarettenanzünder, keine Stummschaltung des Radios bei Navigationsansagen) entfällt so. Die Nachfrage nach dieser Variante ist noch gering.[37]

---

33 Siehe hierzu auch Kapitel 4.5.3 Fußgängernavigation.
34 Lorek – Automobil-Produktion (2010), S.59: „Strikte Anforderungen an die Erprobung unter teilweise widrigen Anforderungen sind nur ein Grund dafür. OEMs [Automobilhersteller] müssen sich auch sicher sein, dass Komponenten der Unterhaltungselektronik während des gesamten Produktlebenszyklus lieferbar bleiben."
35 Eigene Recherche der Preise für festeingebaute Navigationssysteme für Neufahrzeuge verschiedener Klassen (repräsentativ: Volkswagen, BMW und Opel) im Juni 2010 inklusive 19 % MWSt.
36 Bauer – Navimarkt Deutschland (2010), www.navi-magazin.de
37 Auskunft eines Volkswagen Automobilhändlers in Braunschweig.

4.2 PKW/LKW/Motorrad

Nicht selten kann man in den Medien von Navigationsgeräten lesen, die Autos in einen See oder Lastkraftwagen unter zu niedrige Brücken führen. Der Grund für ein Fehlleiten eines Navigationsgerätes ist größtenteils im Kartenmaterial zu finden. Ist es veraltet oder nicht für das Fahrzeug ausgelegt (Lastkraftwagen), kann der Satellitenempfang noch so gut sein – es wird zu Fehlanweisungen kommen.

Wie in Kapitel 2.1 Grundlagen erläutert wurde, besteht Navigation aus zwei Teilbereichen: Ortung und Zielführung. Ist die Ortung mithilfe der Satelliten erfolgt, kann das Navigationsgerät die Zielführung beginnen. Es vergleicht dabei den aktuellen Standort mit dem Zielort und erarbeitet zwischen diesen beiden Punkten mittels verschiedenster Algorithmen eine Zielführung. Grundlage hierfür ist das Kartenmaterial, in dem das Straßennetz verzeichnet ist. Um Fehler in der Routenführung zu vermeiden, sollte der Führer eines Navigationsgerätes darauf achten, dass das Kartenmaterial auf einem aktuellen Stand ist.

Die Karten eines Lkw-Navigationsgerätes enthalten zusätzliche Informationen, wie z.B. Brückenlasten und -höhen oder für Lastkraftwagen gesperrte Straßen, die bei der Berechnung der Route berücksichtigt werden. Da diese Navigationsgeräte durchschnittlich teurer sind,[38] verzichten viele Lkw-Fahrer bzw. Spediteure auf sie und navigieren stattdessen mit Pkw-Navigationsgeräten, was vereinzelt dazu führen kann, dass sich Fahrer aufgrund nicht vorhandener Wendemöglichkeiten festfahren oder zu niedrige Brücken übersehen.

---

[38] Durchschnittspreis von LKW-Navigationsgeräten der Hersteller Garmin, TomTom und Becker im Juli 2010 laut Amazon.com inklusive MWSt: 360 Euro.

Zweirad-Navigationsgeräte sind, was die Navigation betrifft, mit ihren Pkw-Pendants fast identisch. Sie zeichnen sich jedoch durch eine höherwertige Verarbeitung aus, um den Ansprüchen des Motorradfahrers zu genügen. Sie sind extrem robust, stoßfest und wasserdicht.

4.3 Kartenhersteller

Navigationshersteller lizenzieren das für die Navigation notwendige Kartenmaterial durch Zulieferer. Navteq und Tele Atlas sind die weltweit führenden Hersteller für digitale Straßenkarten. 2007 wurden Navteq für 8,1 Mrd. Dollar von Nokia und Tele Atlas für 2,7 Mrd. Dollar von TomTom übernommen. Besonders die kostspielige und zugleich größte Firmenübernahme der Unternehmensgeschichte Nokias zeigt, wie viel Bedeutung und Potenzial der Navigationsbranche, auch für einen Hersteller von Mobiltelefonen, bei bemessen wird. Beide Übernahmen haben einer Prüfung durch die EU-Wettbewerbskommission standgehalten.[39]

4.4 Techniken/Entwicklung

Im Vergleich zu anderen Hightech-Branchen ist die der Navigation noch relativ jung. Sie ist in den letzten Jahren durch hohe Wachstumsraten und stete technische Verbesserungen geprägt. Hatten erste Navigationsgeräte nur eine reine Pfeilnavigation zu bieten, so bestechen sie heute mit teilweise täuschend echten 3D-Darstellungen und einer Vielzahl von zusätzlichen Hilfen um das Navigieren im Straßenverkehr zu erleichtern.

---

[39] Vgl. Stöcker/Kremp – Überlebenskampf mit harten Bandagen (2009), www.manager-magazin.de

4.4.1 Visuelle Verbesserungen

4.4.1.1 Berge/Höhen

Abbildung 3: Navigon Panoramaview 3D
Quelle: www.navigon.de

Diese Ansicht dient gerade in bergigen Regionen der höheren Übersicht. Der Fahrer kann eine Steigung oder ein Gefälle im Vorfeld erkennen und sich frühzeitig darauf vorbereiten.

4.4.1.2 Fahrspurassistent

Um an großen Kreuzungen mit mehreren Fahrspuren den Überblick zu behalten, wurde ein Fahrspurassistent entwickelt. Er soll dem Fahrer an unübersichtlichen Kreuzungen als zusätzliche Hilfe dienen, um frühzeitig die richtige Spur für den Abbiegeprozess wählen zu können. Abbildung 4 zeigt Fahrspuren auf, in die man sich an der kommenden Kreuzung einzuordnen hat.

Abbildung 4: Garmin Fahrspurassistent
Quelle: www.garmin.de

Einen weiteren Schritt gehen viele Navigationshersteller, indem sie an Autobahnkreuzungen und -abfahrten zusätzlich eine Straßenbeschilderung darstellen. In Abbildung 5 ist eine amerikanische Autobahnkreuzung des Herstellers Garmin zu erkennen.

Abbildung 5: Garmin Kreuzungsansicht
Quelle: www.garmin.de

Ein Nachteil dieser Beschilderungsanzeige ist die Darstellung als starres Bild. Der Kartenhersteller Navteq arbeitet momentan an einer animierten dreidimensionalen Variante, um die Übersicht an Kreuzungen weiter zu verbessern.[40]

4.4.1.3 Gebäudeansicht

Mittlerweile bieten fast alle Navigationshersteller Systeme an, die zusätzlich zu Straßen auch Gebäude darstellen können. Im Garmin Nüvi (Abbildung 4) sind Gebäude – bis auf wenige Ausnahmen – reduziert und ohne grafische Texturen dargestellt.

Navigon geht mit seinem Premiummodell einen Schritt weiter und zeigt in ausgewählten Städten eine extrem realitätsnahe Navigationsansicht um eine Orientierung weiter zu verbessern (Abbildung 6). Momentan sind nur sehr wenige Städte in diesem Detailgrad vorhanden, jedoch werden weitere Regionen kontinuierlich erschlossen und eine höhere Abdeckung wird zukünftig angeboten werden können. Die Daten hierzu liefert Navteq und es ist daher zu erwarten, dass auch andere Navigationshersteller diese detaillierte Städteansicht anbieten werden. [41]

---

[40] Vgl. Ebert – Ein Blick in die Zukunft (2010), S.50 ff.
[41] Vgl. Ebert – Ein Blick in die Zukunft (2010), S.50 ff.

Abbildung 6: Navigon Real City 3D
Quelle: www.navigon.de

4.4.2 Routenberechnung

Bei der Berechnung der Route hat der Fahrer eine Auswahlmöglichkeit. Als Standard hat sich die Auswahl zwischen „schnelle Route" und „kurze Route" etabliert. Bei der kürzesten Route wird der kürzeste Weg zwischen zwei Punkten errechnet. Autobahnen und Schnellstraßen werden bei der schnellsten Route bevorzugt.

Aufgrund der angewachsenen Bedeutung verbrauchsarmer Kraftfahrzeuge, bedingt durch die Ölpreissteigerung der letzten Jahre, gehen Navigationshersteller vermehrt dazu über, die Option einer ökonomischen Route hinzuzufügen. Bei dieser Routenwahl versucht das Navigationsgerät einen möglichst Kraftstoff sparenden Weg zu ermitteln.

4.4.3 Fußgängernavigation

Auch außerhalb des Pkws kann ein PND genutzt werden. Im Fußgängermodus weist es einem ortsunkundigen Passanten den Weg und bezieht bei einigen Herstellern auch öffentliche Verkehrsmittel in die Routenberechnung mit ein. Ein eingebauter

Kompass vereinfacht die Navigation, indem die Karte auch im Stand in Laufrichtung ausgerichtet werden kann.

4.4.4 Verkehrsstau

Durch eine eingebaute Stauerkennung ist ein Navigationsgerät in der Lage, bei verkehrsbedingten Behinderungen auf der Route eine Umleitung zu errechnen, um Wartezeiten in Staus zu verringern bzw. zu vermeiden. Der am weitesten verbreitete Staudienst *TMC* (Traffic Massage Channel) sendet kostenfrei Staumeldungen über das UKW-Signal der öffentlich rechtlichen Radiosender. Es beruht größtenteils auf Beobachtungen durch Einsatzfahrzeuge und Hubschrauber der Polizei, Feuerwehr und ADAC und beschränkt sich auf Autobahnen.[42]

Der kostenpflichtige Dienst *TMC-Pro* bedient sich zusätzlich einem automatisierten Sensornetz: Informationen von Induktionsschleifen und Verkehrsflusssensoren an Brückenpfeilern sowie Floating Cars (Fahrzeuge, die im Verkehrsfluss „mitschwimmen" und Daten über ihre aktuelle Position an eine Zentrale übermitteln und so Aufschluss über die Verkehrslage geben können) sorgen für genauere Verkehrsinformationen.

---

[42] Vgl. Kötzsch – Freie Fahrt mit TMCpro und HD-Traffic (2008), S. 22

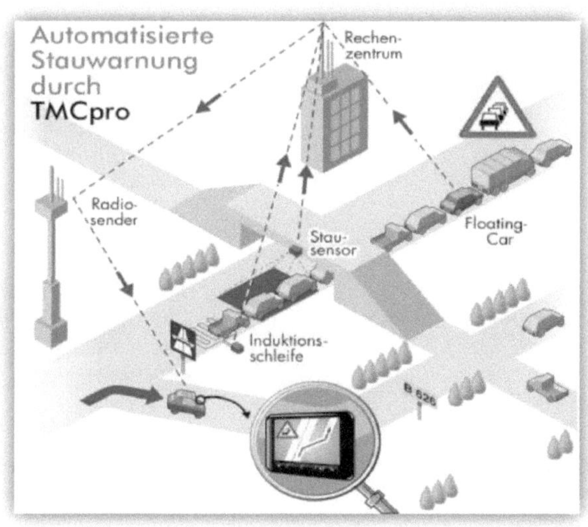

Abbildung 7: Verkehrsinformationsdienst TMCpro
Quelle: www.pocketbrain.de/newsticker/news/1361-den-staus-im-blick-navteq-
kauft-t-traffic.html

Um eine hinreichende Erfassung des Verkehrsgeschehens zu ermöglichen, ist eine möglichst hohe Anzahl von Floating Cars erforderlich. Bei der „Floating Phone Data" Technologie (FPD) werden anonymisierte Positionsdaten, von in Fahrzeugen mitgeführten Handys, ausgewertet. Aus der An- und Abmeldung von Mobiltelefonen beim Durchqueren von Mobilfunkzellen können Bewegungsdaten errechnet und so Aufschlüsse über den Verkehrsfluss gewonnen werden. FPD ist zwar sehr genau, generiert allerdings große Datenmengen. Der von TMCpro genutzte Übertragungsweg über das UKW-Signal der Radioanstalten bietet jedoch nicht genügend Bandbreite zur Übertragung und so profitieren seine Nutzer nur teilweise von FPD.[43]

---

[43] Vgl. Kötzsch – Freie Fahrt mit TMCpro und HD-Traffic (2008), S. 22
Vgl. Strobel – Die Online-Navigation (2009), S.13 ff.

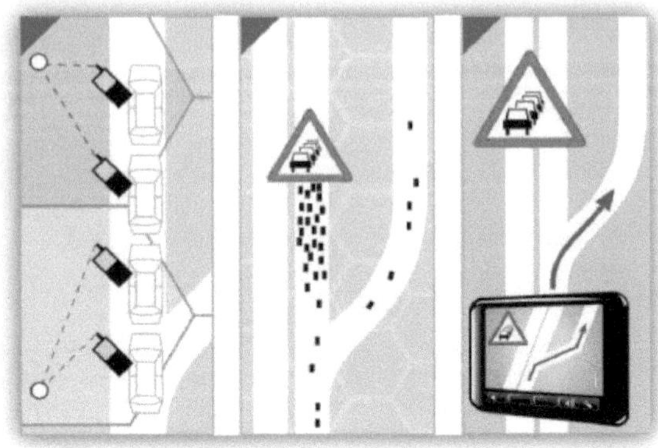

Abbildung 8: Floating Phone Data
Quelle: www.pocketnavigation.de news/view_1338_tmcpro-noch-besser/1.1.0.html

Um dem hohen Datenvolumen Genüge zu tragen, bedarf es einer anderen Übertragungsart. Der Übertragungsstandard GPRS (**G**eneral **P**acket **R**adio **S**ervice) bietet über das Handynetz ausreichend Bandbreite und so können neue Generationen von Navigationsgeräten TMCpro Verkehrsinformationen online herunterladen und in vollem Umfang in die Routenplanung einbeziehen. Während TMCpro Bewegungsdaten aus dem T-Mobile Netz nutzt, arbeitet das von TomTom entwickelte „HD Traffic" mit Vodafone Handys. Beide Dienste erkennen zusätzlich zu Autobahnen auch Verkehrsbehinderungen auf Bundes- und Landstraßen.[44]

4.4.5 Navigation-Online

Über das Satellitensignal werden reine Positionsdaten empfangen. Es findet kein Datenaustausch statt. Durch eine Online-Anbindung der Navigationsgeräte über das Mobilfunknetz können weitere

---

[44] Vgl. Kötzsch – Freie Fahrt mit TMCpro und HD-Traffic (2008), S. 22
Vgl. Strobel – Die Online-Navigation (2009), S.13 ff.
Vgl. Navteq Pressemitteilung (2009)

Dienste genutzt werden wie zum Beispiel Informationen über freie Parkhäuser, aktuelle Benzinpreise, lokale Wetterinformationen oder die im vorigen Kapitel beschriebenen Verkehrsinformationsdienste. Navigationshersteller sehen hierdurch Umsatzchancen im After-Market-Service, da sie diese Option kostenpflichtig anbieten.[45]

4.5 Navigation mit Mobiltelefonen/Smartphones[46]

Weltweit sind im Jahr 2009 ca. 150 Millionen Handys (inklusive Smartphones) mit eingebautem GPS-Chip verkauft worden – eine Steigerung von 92 % gegenüber dem Vorjahr. 2014 sehen Marktforscher einen jährlichen Absatz von ca. 770 Millionen Einheiten voraus.[47]

Das klassische Mobiltelefon mit Tastatur und Display ist für die Navigation im Auto ungeeignet. Auf dem kleinen Bildschirm ist die visuelle Führung sehr beschränkt und Adresseingaben auf der Tastatur unkomfortabel.

Smartphones mit Touchscreen-Display bieten jedoch eine gleichwertige Alternative zu den klassischen portablen Navigationssystemen. Auch sie werden wie PNDs über Berührung des Displays bedient und besitzen eine auszureichende Größe. Der Absatz von Smartphones wächst deutlich stärker als der von herkömmlichen Mobiltelefonen.[48] Das Marktforschungsinstitut iSuppli glaubt, dass bereits 2011 annähernd 100 % der verkauften Smartphones eine GPS-Funktionalität ausweisen.[49]

---

[45] Vgl. Strobel – Die Online-Navigation (2009), S.13 ff.
[46] laut ITWissen sind Smartphones „...mit Intelligenz ausgestattete mobile Telefone, die eine Synthese aus einem intelligentem persönlichem Informationssystem und einem Handy bilden." www.itwissen.info
[47] laut dem Marktforschungsinstitut Berg Insight (www.berginsight.com)
[48] gem. dem Marktforschungsinstitut Canalys (www.canalys.com)
[49] laut iSuppli Market Research (www.iSuppli.com)

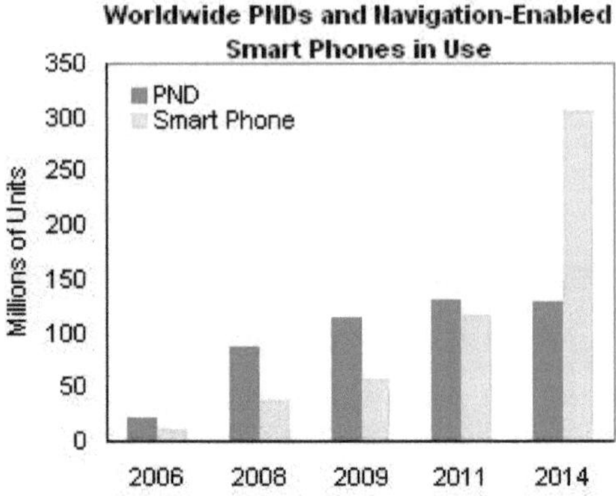

Abbildung 9: Verkaufsentwicklung PND und Smartphones

Quelle: www.isuppli.com/automotive-infotainment-and-telematics/news/pages/smart-
phones-to-surpass-pnds-in-navigation-market-in-2014.aspx

Geht man davon aus, dass der Absatz von Smartphones mit Navigationsfunktion in Zukunft stark steigen wird, sind Hersteller von portablen Navigationsgeräten gezwungen, sich den veränderten Marktbedingungen anzupassen. Die beiden Weltmarktführer portabler Navigationsgeräte, Garmin und TomTom, verfolgen in diesem Zusammenhang unterschiedliche Strategien: Während TomTom (wie auch andere Navigationshersteller) Navigationssoftware für Handys und Smartphones anbietet und kostenpflichtig vertreibt, hat Garmin sein Bemühen in diese Richtung eingestellt und bringt eigene Smartphones mit Navigationsfunktion auf den Markt.

Abbildung 10: Garmin Nüvifone und TomTom Navigationssoftware
auf einem iPhone

Quelle: www.garmin.de & www.tomtom.com

4.6 Umbruch in der Navigationsbranche

Nachdem Google 2009 bekannt gab, seine Navigationssoftware
kostenfrei für Smartphones mit dem Google-Betriebssystem Android
anzubieten, folgte Nokia mit einer kostenlosen Version für seine
Mobiltelefone kurze Zeit später.[50]

Ohne die Übernahme des Kartenherstellers Navteq wäre Nokia zu
diesem Schritt nicht in der Lage gewesen. Zuvor musste Nokia – wie
alle anderen Navigationshersteller heute noch[51] – Lizenzgebühren
für die Benutzung der Karten abführen. Sämtliche Straßenkarten
Navteqs weltweit können heute (inklusive der Aktualisierungen) über
das Internet kostenlos auf aktuelle GPS fähige Nokia Mobiltelefone
heruntergeladen und mit der Navigationssoftware NokiaMaps
genutzt werden.

Google befindet sich im Aufbau eigener Karten. Das Straßennetz
Nordamerikas ist bereits erschlossen und kann zur Navigation in

---

[50] Vgl. Schulz – Nokia erklärt Google den Kartenkrieg (2010), www.spiegel.de
[51] ausgenommen TomTom: durch Übernahme des Kartenherstellers TeleAtlas

Android-Handys genutzt werden, während das Europa-Straßennetz in absehbarer Zeit folgen wird.[52]

Zusätzlich zum Eindringen der Smartphones in den Navigationsmarkt, haben Google und Nokia mit ihren Entscheidungen, Navigationssoftware kostenfrei anzubieten, Hersteller von Navigationsgeräten extrem unter Druck gesetzt. Sie sind gezwungen, ferner zu den tragbaren bzw. fest eingebauten Navigationsgeräten, Software für Smartphones anzubieten bzw. eigene Smartphones zu entwickeln (Garmin). Bei der kostenlosen Konkurrenz seitens Google und Nokia wird dies ein schwieriges Unterfangen sein.

5 Schlusswort/Zukunft

Seit Jahrhunderten werden Sonne, Mond und Sterne von der Menschheit genutzt, um durch die Weltmeere zu segeln oder die Wüste zu durchqueren. Karten, Kompass, Sextant und Uhrzeit waren Hilfsmittel, mit denen man nur durch aufwendiges Errechnen die eigene Position bestimmen konnte. Und heute? Noch immer liegt der Schlüssel für den richtigen Weg am Himmel. Jedoch hat der Mensch sich seine eigenen „Sterne" erschaffen – die Satelliten. Sie schweben in über 20.000 Kilometern über unseren Köpfen und sorgen dafür, dass jeder innerhalb von Sekunden seine Position auf der Erde auf wenige Meter genau ermitteln kann.

Wollte man früher mit dem Auto in den Urlaub fahren, musste man frühzeitig und aufwendig eine geeignete Strecke im Atlas ermitteln, eventuell eine Straßenkarte des Urlaubsortes kaufen und der Beifahrer gab während der Fahrt, die Karte auf dem Schoß liegend, Anweisungen an den Fahrer. Verfuhr man sich, beschuldigte man

---

[52] Vgl. Stöcker/Kremp – Überlebenskampf mit harten Bandagen (2009), www.manager-magzin.de

sich gegenseitig und der Urlaub begann mit einem heftigen Streit. Heute gehören diese Szenarien der Vergangenheit an. Alles, was man benötigt, ist die Adresse des Zielortes, den Rest erledigt das Navigationsgerät. Anfangs nur per Sprache leitend bzw. durch simple Pfeile, bestechen heutige Navigationsgeräte durch eine extrem realistische visuelle Darstellung und vereinfachen durch zusätzliche Funktionen wie Stauumfahrung, Sprachsteuerung etc. das Autofahren.

Der Trend zum Smartphone wird anhalten und so wird irgendwann fast jeder Autofahrer ein Navigationsgerät in seiner Tasche mit sich führen. Welche Auswirkungen dies für die Navigation in der Automobilindustrie haben wird, ist absehbar. Der Absatz der klassischen tragbaren und eingebauten Navigationsgeräte wird stagnieren bzw. gar zurückgehen. Fusionen oder Übernahmen könnten die Folge sein, vor allen Dingen vor dem Hintergrund kostenloser Navigation seitens Nokia und Google.

Elektronische Fahrerassistenzsysteme erleichtern schon heute mithilfe von Kameras, Radar- und Ultraschallsensoren das Fahren und tragen zur Unfallvermeidung bei. Während ein „Lane Assist" unbeabsichtigtes Verlassen der Fahrspur erkennt und aktiv gegenlenkt, warnt ein „Side Assist" den Fahrer bei Spurwechseln vor Kollisionsgefahr mit anderen Fahrzeugen. Eine automatische Distanzregelung hält einen festen Abstand zu vorausfahrenden Fahrzeugen und ermöglicht so ein bequemes „mitschwimmen" im Verkehr. Schert ein anderer Wagen vor dem Fahrer ein, greift das System durch Gasreduzierung oder Bremsung ein. Auch vollautomatisches Einparken ist heute bei vielen Fahrzeugmodellen erhältlich. Satelliten gestützte Assistenzsysteme, wie zum Beispiel die Weitergabe von vereisten Straßen an in der Nähe befindliche Fahrer oder Lichtanlagen, die mit Hilfe von Navigationsdaten intelligent gesteuert werden, sind in der Entwicklung und werden in Zukunft zur Erhöhung der Fahrsicherheit beitragen.

Literaturverzeichnis

BACHMANN, PETER: Handbuch der Satellitennavigation. Würzburg 1993

BAUER, GERHARD: Navimarkt Deutschland (2010), www.navi-magazin.de/3465/navimarkt-deutschland-19-im ersten-quartal/ [02.09.2010]

BEYVERS, GOTTFRIED & ELVIRA KRUSCH: Kleines 1x1 der Relativitätstheorie. Norderstedt 2007

BODANIS, DAVID: Bis Einstein kam. Frankfurt/Main 2001

Brockhaus Enzyklopädie. 21. Aufl. Mannheim 2006

DODEL, HANS & DIETER HÄUPLER: Satellitennavigation. 2. Aufl. Berlin, Heidelberg, 2010

EBERT, JÜRGEN: Blick in die Zukunft. In: Navi Connect. Heft 1, 2010, S.50-53

FREISESLEBEN, HANS-CHRISTIAN: Geschichte der Navigation. 2. Aufl. Wiesbaden 1978

GIBBONS, GLEN: What Race? What Competition? In: Inside GNSS, Heft 2, 2009

KÖTZSCH, HOLGER: Freie Fahrt mit TMCpro und HD-Traffic. In: rfe Elektro Händler. Heft 11, 2008, S.22

KUMM, WERNER : GPS Global Positioning System. 2. Aufl. Bielefeld 1994

LOREK, FRITZ: Mobil und doch fest eingebaut. In: Automobil-Produktion. Heft 1-2, 2010, S.59

PARKINSON, BRADFOR W. & JAMES J. SPIKER: The Global Positioning System: Theory And Application. American Institute of Aeronautics and Astronautics. 1996

PRASAD, RAMJEE & MARINA RUGGIERI: Applied Satellite Navigation Using GPS, GALILEO And Augmentation Systems. 2005

RIETVELD, TONI: Decca, Radar, Satellitennavigation. 2. Aufl. Bielefeld 1990

SCHRÖDTER, FRANK. : GPS Satelliten-Navigation. Poing 1994

SCHULTE VON DRACH, MARKUS C.: Wie navigieren Tiere? (2009). www.sueddeutsche.de/wissen/462/454146/text [02.09.2010]

SCHULZ, STEFAN: Nokia erklärt Google den Karten-Krieg (2010).
    www.spiegel.de/netzwelt/web/0,1518,673203,00.html
    [02.09.2010]

STÖCKER, CHRISTIAN & MATTHIAS KREMP: Überlebenskampf mit harten
    Bandagen (2009)
    www.managermagazin.de/it/artikel/0,2828,662394,00.html
    [02.09.2010]

WASSERMANN, EBERHARD: Navigieren mit Satellit: Wie funktioniert das
    GPS-System? (2007). www.weltderphysik.de/de/5946.php
    [02.09.2010]

STROBEL, ALEXANDER: Die Online-Navigation. In: Navi Connect. Heft 6,
    2009, S.13-17

Abkürzungsverzeichnis

3D	dreidimensional
EU	Europäische Union
FPD	Floating Phone Data
GLONASS	Globalnaja Nawigaionnja Sputnikowaja Sistema
GPRS	General Packet Radio Service
ADAC	Allgemeiner Deutscher Automobil-Club
kn	Knoten
Navstar	Navigation System with Time and Raging
PNA	Portable Navigation Assistant
PND	Portable Navigation Device
Radar	Radio Detecting and Raging
SA	Selective Availability
sn	Seemeile
TMC	Traffic Massage Channel
UKW	Ultrakurzwelle

Abbildungsverzeichnis